图说海洋科普丛书

青少版

U0189621

赵广涛 主编

图说
海底世界

中国海洋大学出版社
·青岛·

图书在版编目（ＣＩＰ）数据

图说海底世界 / 赵广涛主编. — 青岛：中国海洋
大学出版社, 2021.1

（图说海洋科普丛书：青少版 / 吴德星主编）

ISBN 978-7-5670-2758-9

Ⅰ.①图… Ⅱ.①赵… Ⅲ.①海底—青少年读物
Ⅳ.①P737.2-49

中国版本图书馆CIP数据核字(2021)第005695号

审图号：GS (2021) 880号

图 说 海 底 世 界
TUSHUO HAIDI SHIJIE

出版发行	中国海洋大学出版社	
社　　址	青岛市香港东路23号	邮政编码　266071
出 版 人	杨立敏	
网　　址	http://pub.ouc.edu.cn	
订购电话	0532-82032573（传真）	
责任编辑	王　慧	
照　　排	青岛光合时代文化传媒有限公司	
印　　制	青岛海蓝印刷有限责任公司	
版　　次	2021年3月第1版	
印　　次	2021年3月第1次印刷	
成品尺寸	185 mm × 225 mm	
印　　张	5.75	
印　　数	1~5000	
字　　数	86千	
定　　价	26.00元	

如发现印装质量问题，请致电13335059885，由印刷厂负责调换。

图说海洋科普丛书　青少版

主编　吴德星

编委会

主　任　吴德星

副主任　李华军

　　　　　杨立敏

委　员（按姓氏笔画为序）

　　　　刘　康　刘文菁　李夕聪　李凤岐　李学伦　李建筑

　　　　赵广涛　徐永成　韩玉堂　傅　刚　魏建功

总策划　李华军

执行策划

杨立敏　李建筑　魏建功　韩玉堂　张　华　徐永成

启迪海洋兴趣　扬帆蓝色梦想

是谁，在轻轻翻卷浪云？

是谁，在声声吹响螺号？

是谁，用指尖舞蹈，跳起了"走进海洋"的圆舞曲？

是海洋，也是所有爱海洋的人。

走进蓝色大门，你的小脑袋瓜里一定装着不少稀奇古怪的问题——"抹香鲸比飞机还大吗？""为什么海是蓝色的？""深潜器是一种大鱼吗？""大堡礁里除了住着小丑鱼尼莫，还住着谁？""北极熊为什么不能去南极企鹅那里做客？"

海洋爱着孩子，爱着装了一麻袋问号的你，她恨不得把自己的

一切告诉你，满足你的好奇心和求知欲。这次，你可以在本丛书斑斓的图片间、生动的文字里寻找海洋的影子。掀开浪云，千奇百怪的海洋生物在"嬉笑打闹"；捡起海螺，投向海洋，把你说给"海螺耳朵"的秘密送给海流。走，我们乘着"蛟龙"号去见见深海精灵；来，我们去马尔代夫住住令人向往的水上屋。哦，差点忘了用冰雪当毯子的南、北极，那里属于不怕冷的勇士。

海洋就是母亲，是伙伴，是乐园，就是画，就是歌，就是梦……

你爱上海洋了吗?

　　海底是什么样子的？深海有没有生命的奇迹？那些沉入大海的古城在哪里？《图说海底世界》会把答案告诉你；让你带着探索海洋的梦想，去感受海底别样的美丽。

　　深邃、遥远的海底，它的样子并不神秘，那里既有海岭、海沟，也有平原、盆地。

　　幽深的海底没有阳光，那里生活着一群群神奇的"居民"，它们经得住寒冷或者高温，那幽邃莫测的海底恰是它们快乐的天堂。

　　深海的生物千姿百态，海底的矿产资源丰富多样，有遇火即燃的可燃冰，还有石油和天然气、多金属结核、多金属硫化物。储量惊人的淡水也在海底。海底可谓人类宝藏的藏身之地。

　　不幸沉没大海的古城和古船，有的已经在海底沉睡了上千年，正等待着重见天日，向人们讲述曾经发生的故事。人们从来也没有忘记它们，不放过任何蛛丝马迹，寻找着关于它们的历史和传奇……

　　沉着、灵活的深潜器，引领着人们深入更加广阔的海底世界，不断探索和发现深海的奇迹。

Contents 目录

海底形貌

　　我们都知道，陆地上有山脉、丘陵、平原等地形，那么，看不见的海底是什么样子的呢？其实，海底地形和陆地的一样，也有高大的山脉、宽阔的盆地、深邃（suì）的沟壑，其规模大都超过陆地上相似的地形。

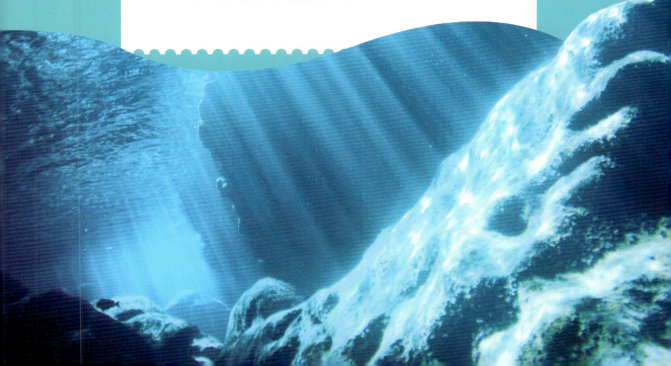

大陆边缘

　　大陆边缘是大陆与海洋之间的过渡带，在地壳结构上类似陆地，主要包括大陆架、大陆坡、大陆隆及海沟等。

大陆架

大陆坡

大陆隆

洋盆

大陆边缘结构

大陆架、大陆坡和大陆隆

　　陆地自然延伸到海洋里的部分就叫大陆架。这里的海水比较浅，坡度比较平缓。大陆坡非常陡峭，它一头连着大陆架，一头连着大洋底。大陆隆是位于大陆坡和深海平原（洋盆中特别平坦的部分）之间的、向海缓斜的巨大楔（xiē）状沉积体。

海沟

海沟是海洋中狭长而两边非常陡峭的"大沟"，从横剖面看，像一个大大的"V"字。

海沟示意图

海底之极——马里亚纳海沟

在太平洋西侧，自北向南分布着一系列深海沟，它们是太平洋板块向亚洲板块之下俯冲形成的，其中最深的就是马里亚纳海沟。

马里亚纳群岛

马里亚纳海沟

马里亚纳海沟有 2 550 千米长，平均 70 千米宽，大部分水深在 8 000 米以上。

斐（fěi）查兹海渊是马里亚纳海沟的最深处。已探测到的深度为 11 034 米，是地球表面最深的地方。

马里亚纳海沟是地球表面最深的地方，就算把珠穆朗玛峰放在这里，峰顶也不会露出海面。

千米

珠穆朗玛峰

海平面

马里亚纳海沟

马里亚纳海沟示意图

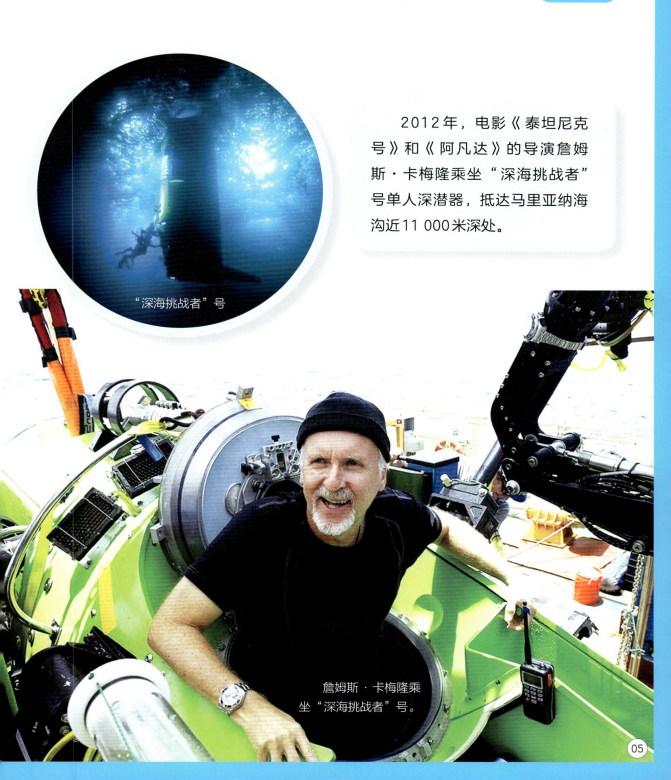

2012年，电影《泰坦尼克号》和《阿凡达》的导演詹姆斯·卡梅隆乘坐"深海挑战者"号单人深潜器，抵达马里亚纳海沟近11 000米深处。

"深海挑战者"号

詹姆斯·卡梅隆乘坐"深海挑战者"号。

开曼海沟

隐藏着生命起源奥秘的开曼海沟位于开曼群岛和牙买加岛之间，长约100千米，最深的地方达到7 686米，是加勒比海的最深处。

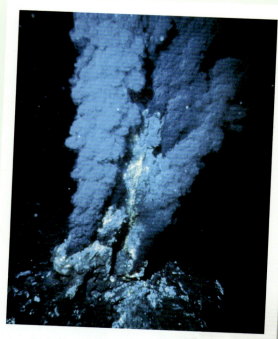

开曼海沟

巨大的"黑烟囱"能从其"嘴"里喷出温度极高的含有很多矿物质的黑色热液，温度可达400℃。日积月累，就能形成含有多种金属的硫化物矿床，周围生长着许多奇异生物。

2010年4月13日，科学家在开曼海沟发现一处隐居5 000米深海海底的"烟囱"——海底热液喷口。

海槽

海槽是两边坡度缓倾且狭长的凹地，整个海槽像一只巨大的"马槽"，镶嵌（xiāngqiàn）在海底。

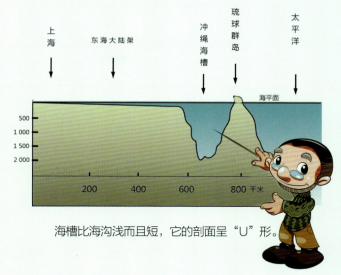

海槽比海沟浅而且短，它的剖面呈"U"形。

冲绳海槽

冲绳海槽

冲绳海槽位于中国钓鱼岛和琉球群岛之间，是中国东部大陆边缘与琉球群岛的天然分界线。

大洋中脊

　　大洋中脊就是海底的山脉，也叫中央海岭，它贯穿四大洋，总面积约占世界海洋面积的三分之一。

世界大洋中脊

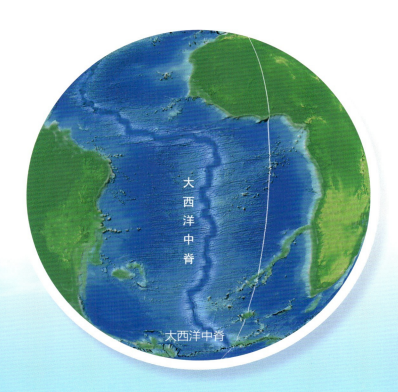

大西洋中脊

大西洋中脊

大西洋中脊

大西洋中脊是大西洋由北向南的山脉，呈"S"形延伸，与大西洋两岸近乎平行。

大洋盆地

　　在洋底那些低平而宽阔的地方是洋底平原。如果它们的周围被海底山脉或高原环绕着，就叫大洋盆地，简称洋盆。洋盆跟陆地上的盆地差不多，是大洋底的主要部分。

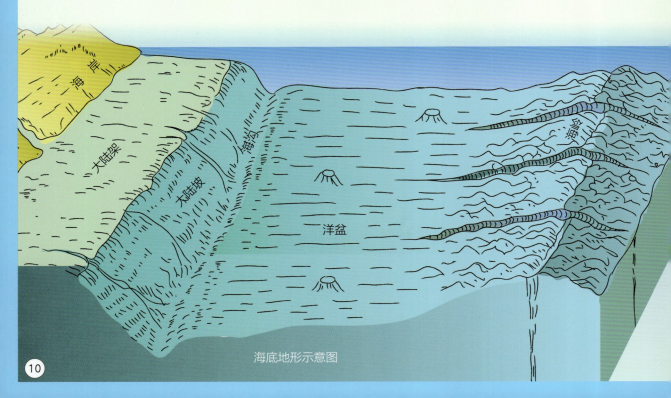

海底地形示意图

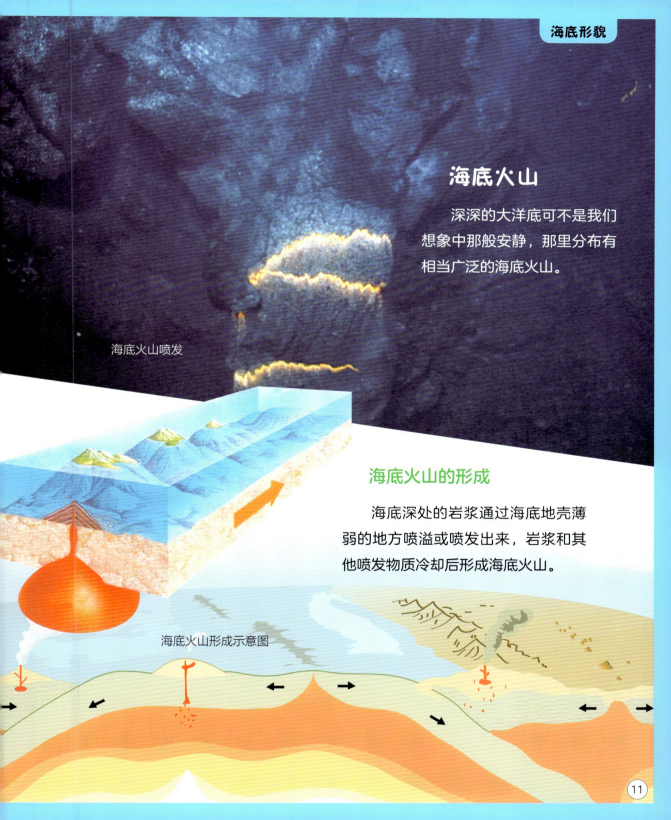

海底火山

深深的大洋底可不是我们想象中那般安静，那里分布有相当广泛的海底火山。

海底火山喷发

海底火山的形成

海底深处的岩浆通过海底地壳薄弱的地方喷溢或喷发出来，岩浆和其他喷发物质冷却后形成海底火山。

海底火山形成示意图

浅海火山

　　我们能看到喷发的火山大都是浅海火山，因为它们离海面比较近。这里的火山一旦喷发，炽热的岩浆和滚滚的浓烟可能会给人类带来巨大的灾难。

浅海火山喷发冒出滚滚浓烟。

深海火山

　　大部分海底火山都位于深海，在海面上几乎看不到深海火山喷发的迹象。一般是岩浆通过洋壳的裂口或裂缝向外溢流，没有浅海火山喷发那样壮观。

深海火山喷发的景象

火山危害

　　有些海底火山能喷出大量烟雾和火山灰，形成数千米高的"黑烟柱"。浓浓的黑烟含有大量有毒气体，危害人们的健康。

　　海底火山喷发能使飞临它上空的飞机和行驶在它附近的船只突然失灵，造成可怕的事故，还能引起海啸和地震，给人类带来巨大的灾难。

火山喷发形成的"黑烟柱"

夏威夷岛屿风光

火山喷发形成岛屿

你知道美丽的夏威夷岛吗？你能想象它是由火山喷发形成的吗？规模宏大而又持续的海底火山喷发会形成大大小小的岛屿，天长日久，环境变化，有的就成为适合人类居住的岛屿。

海底平顶山

海底平顶山

认识海底平顶山

海底平顶山是一种海底死火山，因其顶部较平坦而得名。

海底平顶山刚形成时是高出海平面的火山，比较疏松，很容易被海浪冲刷掉顶部。随着时间的推移，其顶部被慢慢"削平"，随着海底的沉降和运动，便没于海面之下了。

海底平顶山形成示意图

有的海底平顶山的"头顶"有一层厚厚的珊瑚礁体，厚度约1 500米！

海底平顶山上的珊瑚礁

天然渔场

因为平顶山比海底高出很多，所以底层或深层海水撞到这些"大树墩"的时候，就会沿着山坡往上爬，形成一股强大的上升流，从而把大量海底营养盐带到浅层海水中，促进浮游生物繁殖，而浮游生物成为鱼儿极好的饵料，所以，有平顶山的海区往往是鱼儿欢聚的天堂。

呈"大树墩"状的海底平顶山

海底生物

深海中始终不见阳光，巨大的压力、黑暗的环境造就了深海中奇迹般的生命。它们有独特的生存方式，能够在深海中繁衍生息，共同构成幽深海底的"生命绿洲"。

深海生物

　　深海中一般盐度高、水温低、压力大，但是那里依然生活着一群神奇的"居民"。它们美丽动人、神秘可爱，居住在我们不熟悉的海底世界。

可爱的"海天使"

　　海里也有"天使"，你知道吗？这只数厘米长的半透明小生物就是"海天使"，又叫裸海蝶。别看它个头小，它可不是好惹的。只要有其他浮游生物靠近，这个小家伙就会立刻将其吞进肚子里。

"海天使"

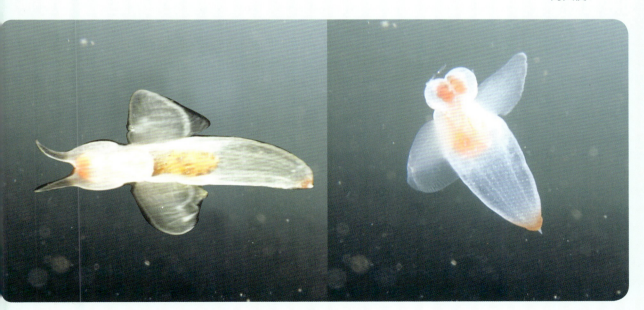

美丽的海葵

　　海葵是捕食性动物，没有骨骼，能缓慢移动，多栖息在浅海，少数生活在大洋深渊。

海葵

透明的海参

这种透明的海参，一般生活在2 000多米深的漆（qī）黑海底，能用透明的身体作伪装，让觅食者很难发现自己。

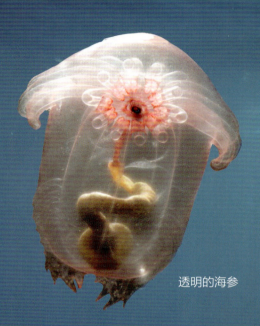

透明的海参

海胆

从潮间带到深度为几千米的海底，都能见到海胆的身影。海胆的外形非常有趣，它呈半球形或者球形，身上长满了棘刺，所以又有"海刺猬"的别称。海胆的棘刺不仅能帮助自己移动，还能保护自己。

海胆

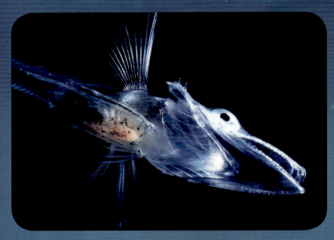

蓝色冰鱼

蓝色冰鱼

蓝色冰鱼长着扇子状的背鳍（qí），所以游起来就像在天空中飞翔。它的血液中缺少血红蛋白，身体中可以产生抗冻蛋白质，以适应冰冷的环境。

狮子鱼

这只"会游泳的蝴蝶"是狮子鱼，它的"颜值"超高，不过也很不好惹，鳍条有毒腺，背鳍上还有毒刺，可以有效地攻击敌人。

狮子鱼

海底热液喷口生物

　　海底热液喷口周围的温度非常高，但那里仍然有生命存在，它们不靠阳光生活，也不怕高温。它们的生长环境与我们平常认知的"万物生长靠太阳"完全不一样，这使科学家对生命的起源有了更多的认识。

热液喷口

雪人蟹

"铁甲钢拳" 的雪人蟹

雪人蟹的外形非常奇特，有两只毛茸茸的"大袖子"，全身雪白，就像是"雪人"一样。它的螯上有大量细菌，可以为它提供一定的能量。别看它威风凛凛的，它的眼睛完全没有视觉功能。

"耐热"的海虾

有一些"耐热"的海虾生活在开曼海沟沸腾的热泉地区。据推测，这里的热泉温度高达450℃。不过这些小海虾一点也不害怕，还能安然无恙（yàng）地游来游去，实在令人惊奇！

它们没有眼睛，但背部有感光器官，让它们在游动或捕食的过程中不会迷失方向。

"耐热"的海虾

巨型管虫

海底热液喷口的巨型管虫

生活在海底热液喷口的巨型管虫，身体呈白色，顶端有鲜红的羽状物。

它们没有眼睛，也没有嘴巴，甚至连消化系统也没有，只能和化能自养细菌共生来获得营养。

哥斯达黎加热液喷口生物

哥斯达黎加边缘海底的热液喷口周围生活着许多物种，有帽贝、海葵、海蜗牛和管状蠕虫等。

帽贝是像帽子一样的可爱小动物。它的背上布满了细菌。

哥斯达黎加热液喷口的帽贝

贻贝和管状蠕虫集结

贻贝和管状蠕虫集结在一起，看起来像一个巨大的"灌木丛"。

成群的海蜗
牛、海蟹和
蛤蜊

环节虫

这只毛足纲的环节虫可以在海床上挖洞，靠吃有机物生存。

南极深海热液喷口生物

南极深海热液喷口周围有一种身长大约16厘米的铠甲虾。它们的胸部长着厚厚的"毛垫"，里面藏满了细菌，它们就是靠这些细菌生存的。

南极深海热液喷口的铠甲虾

热液喷口处的海葵和藤壶

热液喷口处的海葵和藤（téng）壶，即使没有阳光，也能像花一样美丽地生长。

海底矿藏与淡水

幽深的海底虽然没有阳光，却有着各种各样的矿产资源，甚至陆地上没有的矿产也能在海底找到。陆地上的矿产资源日益匮（kuì）乏，而丰富的海底矿产带给人类新的希望。海底淡水不仅能为人类提供淡水资源，还能为寻找矿产提供线索，具有重大意义。

海底石油和天然气

　　广阔的海洋中，储藏着丰富的能源，石油和天然气就是埋藏在海底的重要资源。有的国家建立人工岛，有的国家搭建海上钻井平台，海底的油气便可以源源不断地被抽取出来了。

海上钻井平台

　　陆地上的能源越来越少了，越来越多的国家开始开发海底油气资源。

海上钻井平台繁忙景象

可燃冰

你见过会燃烧的冰吗？其实它不是真正的冰，而是天然气和水在高压、低温的条件下生成的外观像冰块的物质，学名是天然气水合物。它的主要成分是甲烷，遇火即燃，所以叫"可燃冰"。它是一种没有污染的清洁能源，因此备受瞩目。海洋中的可燃冰一般埋藏于300~3 000米水深的海底沉积物中。

燃烧的可燃冰

气候变暖，冰川融化

可燃冰中的甲烷是易燃气体，一旦开采不当，可能会造成甲烷泄露，加剧气候变暖；还能毁坏海底工程，造成海底滑坡等，所以人们要做到安全开采。

2017年5月，在中国南海的神狐海域，"蓝鲸一号"海上钻井平台对可燃冰第一次试采成功。

"蓝鲸一号"海上钻井平台

多金属结核

多金属结核的外形

有一种非常有价值的海底矿产，由于含有锰、铁、镍（niè）、钴、铜等几十种有价值的金属元素，因此被称为"多金属结核"。

不同形状的多金属结核

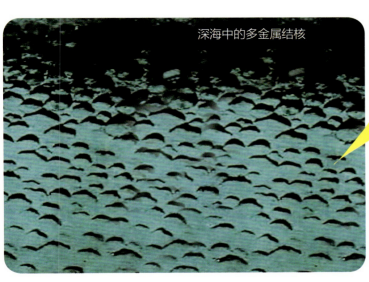

深海中的多金属结核

多金属结核有多种形状，有的像土豆，有的像花生，有的像生姜；有黑色的，也有褐色的。

多金属结核的用途

多金属结核里的金属有很多用途，比如，钴是战略物资，在航天领域有着重要的地位，如可以制造火箭和人造卫星。

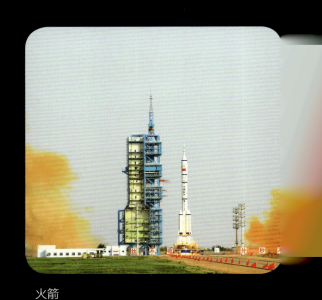

火箭

人造卫星

坦克

多金属结核中的锰可以制成锰钢。锰钢非常坚硬，不怕挤压，不易磨损，是制造镍合金硬币、坦克和铁轨的重要材料。

镍合金硬币

铁轨

多金属硫化物

科学家在勘探洋底时惊奇地发现冒着腾腾热气的"黑烟囱"，热液从中喷涌而出。这些"黑烟囱"是新大洋地壳形成时产生的，而热液与周围的冷海水混合的时候，海水中的多金属硫化物就沉淀到"黑烟囱"和附近的海底了。

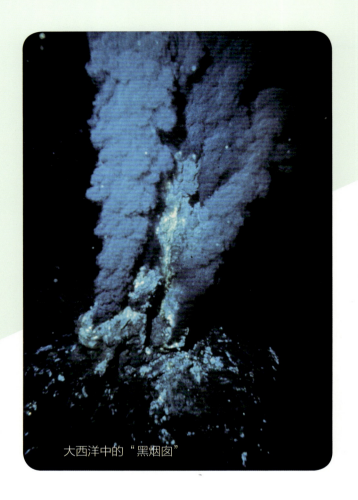

大西洋中的"黑烟囱"

块状多金属硫化物

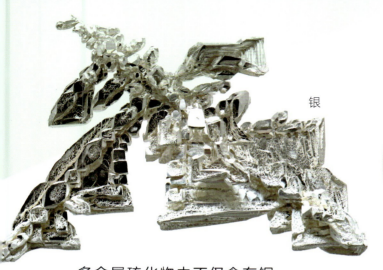

银

金

多金属硫化物中不仅含有铜、锌、铅等，还含有贵金属金和银。

2012年，中国"大洋一号"科学考察船执行任务时，在南大西洋洋中脊的海底热液活动区，取得大量多金属硫化物样品。

"大洋一号"科学考察船

海底淡水

　　地球表面的约71%被水覆盖，但能供我们饮用的淡水资源实在是太少了。幸好科学家在海底找到了淡水。

向海洋要淡水

海底为什么藏淡水？

海底淡水是指埋藏在海底地层或构造中的淡水，如果有适宜的通道，便会形成淡水喷泉。

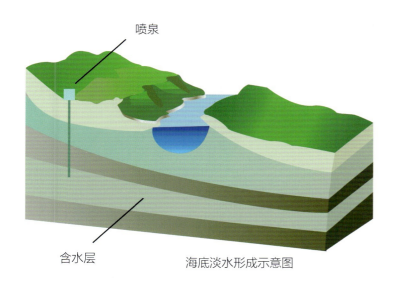

喷泉

含水层

海底淡水形成示意图

很久很久以前，现在的海底可能是陆地，经过很多年的沧桑变化，含水地层和构造的陆地成了海底，其中的水就成了海底淡水。

向海底要淡水

海底淡水非常甘甜、没有污染，而且数量惊人。例如，在希腊东南面的爱琴海海底有一处涌泉，一天一夜就能喷出100万立方米的淡水。

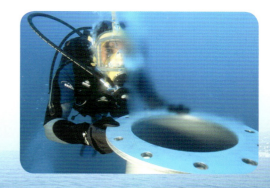

安装海底淡水研究装置

海底淡水研究装置

41

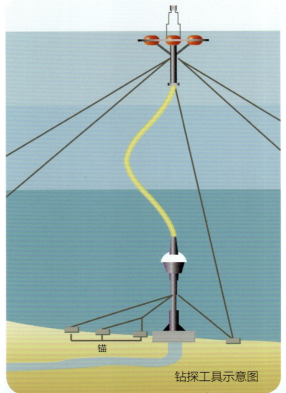

钻探工具示意图

科学家正在努力发明新的钻探工具，希望有一天能在海上建成淡水厂，用钻机像钻石油一样把淡水从海底抽出来。

锚

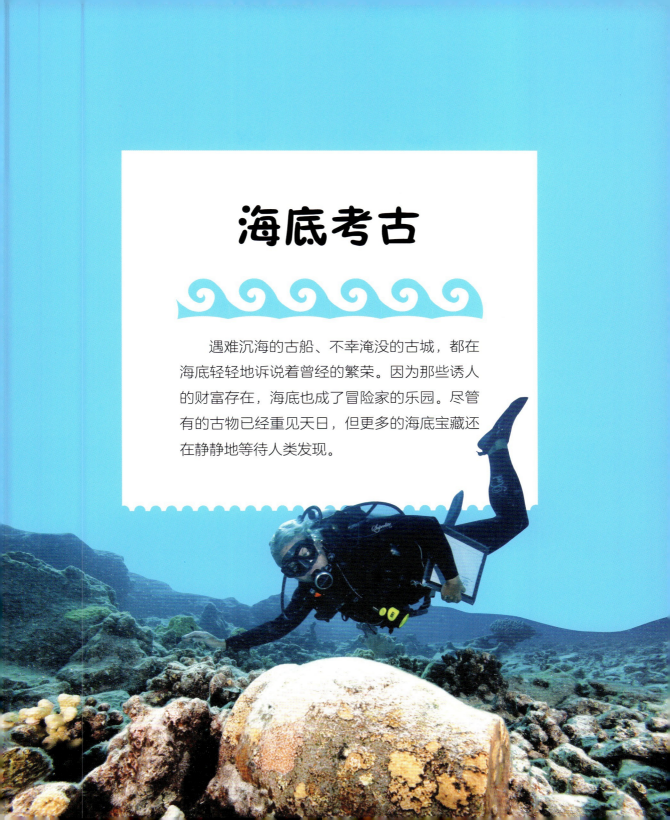

海底考古

　　遇难沉海的古船、不幸淹没的古城，都在海底轻轻地诉说着曾经的繁荣。因为那些诱人的财富存在，海底也成了冒险家的乐园。尽管有的古物已经重见天日，但更多的海底宝藏还在静静地等待人类发现。

西班牙"黄金船队"

　　300多年前，一支满载黄金的西班牙船队不幸全部沉入大西洋。这支船队此后也成为探险家们梦寐（mèi）以求的"黄金船队"。

为什么叫"黄金船队"？

1702 年，西班牙殖民者在南美洲殖民地烧杀抢掠，掠夺了大量黄金珠宝，装了整整 17 艘大帆船，然后他们浩浩荡荡地往回行驶。这就是西班牙历史上著名的"黄金船队"。

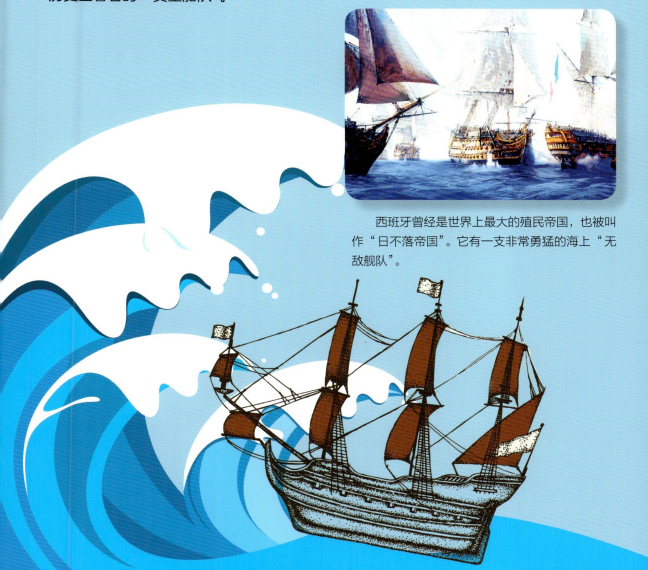

西班牙曾经是世界上最大的殖民帝国，也被叫作"日不落帝国"。它有一支非常勇猛的海上"无敌舰队"。

"黄金船队"沉海了

当"黄金船队"行驶到亚速尔群岛海域时，突然遭到了英国和荷兰共150艘战舰的猛烈袭击。被包围了一个月后，"黄金船队"彻底战败了。

为了不让珠宝落入敌人手中，处于绝望中的船队把船全部烧掉。这支曾经非常威武的"黄金船队"就这样葬身大海了。

有的人打捞到绿宝石、紫水晶等，但大部分人什么都没有找到。

"黄金沉船"的诱惑

为什么有那么多人去大海寻找那艘沉海的船呢？因为那里有很多黄金和珠宝。

尽管谁也不知道宝藏到底在哪里，但是很多人都被传说中巨大的财富吸引着，不断地去海底寻找。

"中美"号淘金船

　　如果说有这样一艘船，它满载着淘金者和他们辛苦得来的黄金，正高高兴兴地航行回家时，却遇到大风浪而沉入大海，是不是很令人心痛呢？但这是"中美"号淘金船的真实经历。

用血汗换来的黄金

　　1849年，美国的加州地区发现了金矿，所以大批冒险者和他们的家属来到这里淘金，为了他们心中的"黄金梦"而奋斗。

大风浪惹的祸

1857年9月，一大群淘金者带着他们的妻子和孩子，坐上装满黄金的"中美"号汽船，向着家的方向航行。

这艘汽船并不大，上面却有750多个人，再加上大批黄金，所以，它严重超载了！

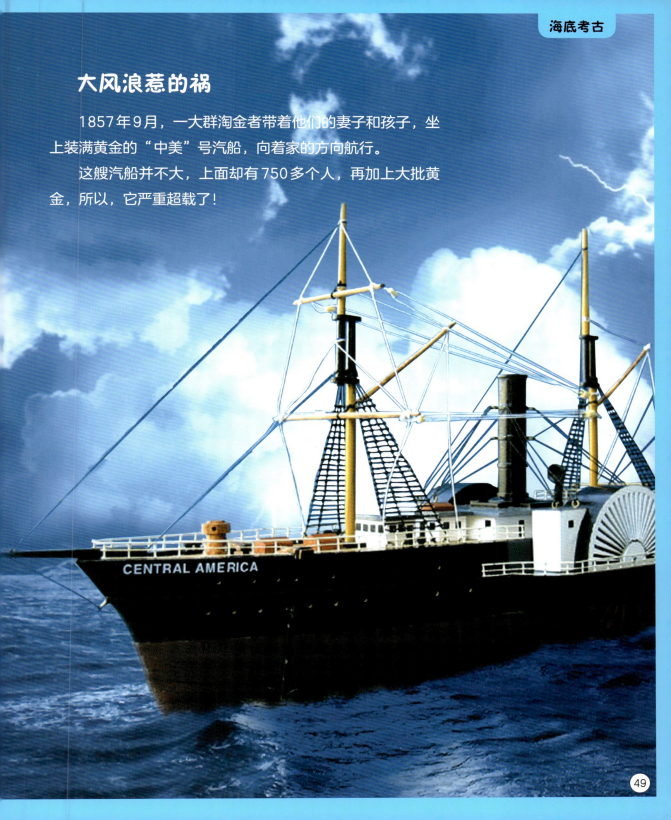

CENTRAL AMERICA

不幸的是，刚走了不远，突然来临的狂风暴雨，让船身破了一个大口子，海水一下子就涌了进来，船开始慢慢下沉。

船上420多名淘金者勇敢地将妇女和儿童送上了救生艇，而自己和那一大批黄金全部葬身海底。

寻找"海底金矿"

"中美"号淘金船是"美洲八大宝藏"之一，也被称为"海底金矿"。

"中美"号上最大的金块有500千克重，船上有3000千克黄金和大量金币，总价值高达10亿美元！

美国奥德赛海洋勘探公司专门从事深海探测。2014年，这个公司在美国南卡罗来纳州南部海域"中美"号沉船上打捞出大量黄金。

中国"南海Ⅰ号"

2007年12月22日，一艘在海底沉睡了800多年的南宋古船终于重见天日了。除了船上那些价值连城的宝物外，它还有巨大的考古价值。它就是"南海Ⅰ号"。

发现"南海Ⅰ号"

1987年8月，正在寻找别的沉船的潜水员意外发现了"南海Ⅰ号"，这给了我们一个大大的惊喜。

打捞"南海Ⅰ号"

打捞南宋古船

为了不破坏古船原来的样子，科学家用一个大大的沉井把它完完整整地"捧"了出来。

古船周围的淤泥也被"捧"了出来，这样才完整。

古船的"水晶宫"

整体打捞上来的古船被小心翼(yì)翼地安放在了"水晶宫"—— 一座专门为"南海Ⅰ号"建造的博物馆里，这样我们就可以目睹(dǔ)古船的风采了。

存放"南海Ⅰ号"的博物馆

"南海Ⅰ号"上的部分文物

"宝船"价值知多少

"南海Ⅰ号"可不是一艘普通的沉船，它是世界上已发现的年代最早、船体最大、保存最完整的远洋贸易商船，有很重要的考古价值。

保护"海底瓷都"

在我国的海底藏着非常多古沉船，瓷器就是其中非常重要的一种宝藏。因为很多古代船只沉没在我国的南海，所以南海海底被称为"海底瓷都"。

如今，很多人对"海底瓷都"垂涎（xián）三尺，我们必须好好保护这些文物，不让它们遭到破坏。

英国丹维奇市

中世纪，丹维奇市是东英吉利的首府，是一座繁华的渔港城市。现在，它已经成了一座水下古城。

注定淹没的城市

丹维奇市从诞生的那一天起，就注定要被海水淹没，因为它建在非常松软的地基上，很容易受到海水的侵蚀。

灾难袭来

1286年，在丹维奇市发生了一件可怕的事情，巨大的海浪张牙舞爪地涌上海岸，把城市中400多栋建筑都淹没了。从此，整个城市就慢慢地沉入大海。

牙买加皇家港口

17世纪，牙买加皇家港口是加勒比海地区的一个大都市。它也被称为"海盗之都"，因为当地很多人以做海盗为生。但是，一场猛烈的大地震将这座繁华的城市送入了大海。

"地球上最邪恶的城市"

牙买加皇家港口的财富基本上都是海盗抢夺来的。海盗常常在大海上抢劫过往的船只，掠夺财宝。因此，它也被称为"地球上最邪恶的城市"。

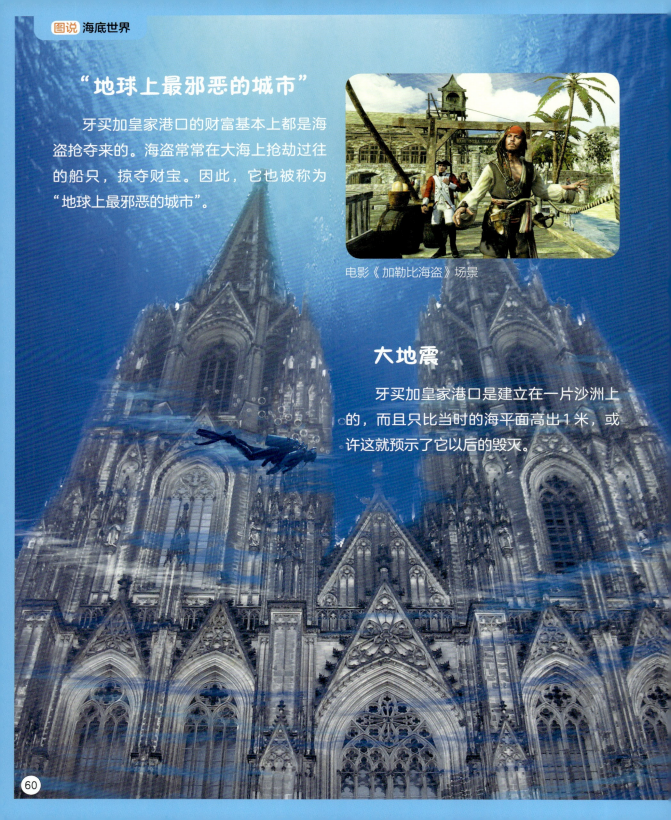

电影《加勒比海盗》场景

大地震

牙买加皇家港口是建立在一片沙洲上的，而且只比当时的海平面高出1米，或许这就预示了它以后的毁灭。

探访水下古城

因为沉没的牙买加皇家港口很好地保存了加勒比海地区的历史,所以,爱好考古的潜水者经常到这里探访。

令人惊奇的是,20世纪60年代,考古学家在这里的海底找到了一只怀表,它的指针准确无误地停在了11时43分,而上午11时43分正是那次大地震发生的时间。

希腊帕夫洛皮特里

　　希腊帕夫洛皮特里曾经是非常重要的贸易港口、繁荣的纺织业中心，现在却静静地沉睡在大海之中。

遗址的发现

1967年，英国海洋地质学家弗莱明潜水考察时，发现了这片古城遗址。

考古发现

2009年，英国考古学家发现，帕夫洛皮特里比以前想象的更重要，因为它的实际面积比弗莱明发现的大得多。

神秘的沉海

如今，帕夫洛皮特里在希腊南端的一个海湾里，遗址位于水面4米以下。

大约在公元前1100年，这座城市就被人们遗弃了，但它为什么会沉入大海却没有人知道。

深潜器

千百年来，人类用各种方式不断地探索着海洋，从最初的望洋兴叹到今天的遨游大海，海洋正慢慢地揭开它神秘的面纱。深潜器的出现，让人们到达海洋的极深处，深邃的海底变得不再陌生，神奇的海底世界开始渐渐清晰地呈现在人们面前。

"阿尔文"号载人深潜器

它从不畏惧深海，也从不抱怨，每当人类在探索深海中有了重大发现的时候，就会找到它的身影。它就是深潜器中的"明星"——美国"阿尔文"号载人深潜器。

"阿尔文"号载人深潜器

"阿尔文"号两只非常灵活的机械手

伟大"水手"的诞生

1964年,"阿尔文"号在美国明尼苏达州诞生了。它是用伍兹霍尔海洋研究所一位海洋专家的名字命名的。

"阿尔文"号的传奇

1964年,"阿尔文"号下水了,一段奇特不凡的探险旅程开始了!

1966年,它帮助美国海军在地中海1 000多米深处找到了一枚因意外事故丢失的氢弹。如果没有"火眼金睛"的"阿尔文"号及时发现这枚氢弹,将会有潜在的危险。

"阿尔文"号在海底
热液喷口采集样品。

海底热液喷口

通过"阿尔文"号，
科学家发现了不依靠光合
作用的生命形态。

热液喷口处不
靠光合作用的生命

1986年，"阿尔文"号找到了冰海沉船"泰坦尼克"号，这也激发了大导演詹姆斯·卡梅隆拍摄了电影《泰坦尼克号》。

电影《泰坦尼克号》剧照

曾经雄伟的豪华游轮，如今只剩下锈迹斑斑的船骸（hái）。

"阿尔文"号的最大下潜深度已达 4 500 米。

　　"阿尔文"号是现在世界上著名的深潜器，它还被称为
"历史上最成功的潜艇"。

　　从 1964 年开始，"阿尔文"号进行过 5 000 多次下
潜，是当今世界上下潜次数最多的载人深潜器。

深海中的"阿尔文"号

"鹦鹉螺"号载人潜水器

　　1985年，法国制造了一艘叫作"鹦鹉螺"号的载人潜水器，希望它能像凡尔纳小说《海底两万里》中的"鹦鹉螺"号潜艇那样神奇和勇猛。

"鹦鹉螺"号潜水器的外形

"鹦鹉螺"号看上去像一只"黄莺"，因为它的外表是亮黄色的。

这是真正的鹦鹉螺，一种海洋软体动物。

"鹦鹉螺"号载人潜水器

"鹦鹉螺"号浮出水面。

"鹦鹉螺"号自上任以来，已经下潜了 1 500 多次，完成了很多任务，解决了很多难题，取得了丰硕的成果。

"鹦鹉螺"号的功劳

　　"鹦鹉螺"号凭借自己先进的设备，加上勇敢的冒险精神，已经采集到大量珍贵的样品，有海底岩石、泥沙和热液矿物等。

　　"鹦鹉螺"号还完成了多金属结核地区的调查，研究了深海海底的生态环境。

"蛟龙"号载人深潜器

　　"蛟龙"号是第一台完全由中国设计和制造的深海载人潜水器，能下潜到7 000多米的深海。这说明中国的深海载人潜水技术已经达到世界领先水平。

"蛟龙"号载人深潜器

威武的"蛟龙"号

"蛟龙"号像一只凶猛的大白鲨，它有着白色圆柱状的"身体"、橙色的"脑袋"，身后还有一条神奇的"尾巴"，能帮助它在水中自由"行走"，甚至能停在水中不动。

这只机械"大白鲨"的身体结构非常复杂，所以才能在 7 000 多米深的水下自由遨（áo）游。

摄影摄像
地形扫描
机械臂
采集样本
观测窗
钛合金壁
载人舱

"蛟龙"号的机械臂能像人的胳膊那样灵活。

"蛟龙"号载人深潜器采集的样品

挑战深海极限

"蛟龙"号数次下潜，在深海取得海水样品、沉积物样品和生物样品。

2012年6月22日，"蛟龙"号下潜深度达到6 963米，并取得了1个生物样品。

2012年6月24日，"蛟龙"号在马里亚纳海沟首次突破7 000米深度，达到7 020米。

2012年6月27日，"蛟龙"号下潜到7 062米的深度。

"蛟龙"号下潜到深海。

"蛟龙"号在中国南海海底插上中国国旗。

"蛟龙"号用先进的摄像仪器在5 000米深海拍摄到的鼠尾鱼

"蛟龙"号用先进的摄像仪器在深海中拍摄到的海虾

勇猛的"蛟龙"

现在，"蛟龙"号已经成为世界上著名的载人深潜器之一。它已经完成矿物取样、生物采集、仪器放置等多项深海科考项目。

2011年，我们国家启动了"南海深部计划"，这只勇猛的"蛟龙"在南海"大展拳脚"，帮助"南海深部计划"取得了丰硕的成果。

"向阳红09"科学考察船——"蛟龙"号原母船

深海一号——"蛟龙"号专用母船

"蛟龙"出海

图说 海底世界

图说海洋科普丛书

青少版

责任编辑：王 慧

终　审：李学伦

装帧设计：光合时代

ISBN 978-7-5670-2758-9

9 787567 027589 >

定价：26.00元